MATEMATIK

Simplifying is Solving

Marcos Cervantes Janssen

Første udgave: 15. oktober 2022

Copyright © *2022 Marcos Cervantes Janssen*

Redigeret af Editorial letr@roja

https://www.facebook.com/LETRA3ROJA
https://www.newtek.janssen@gmail.com
https://payhip. com /letra33roja
https://newtekjanssen.es.tl/
letra3roja@gmail.com

MATEMATIK

Simplifying is Solving

AF: Marcos Cervantes Janssen

INDEKS:

- <u>FORORD:</u> <u>5</u>
- <u>FORMLER:</u> <u>7</u>
- <u>LIGNINGER:</u> <u>8</u>
- <u>VARIABLER:</u> <u>9</u>
- <u>KONSTANT:</u> <u>10</u>
- <u>GENNEMSNIT:</u> <u>11</u>
- <u>TOLERANCE:</u> <u>12</u>
- <u>ULIG OG LIG:</u> <u>13</u>
- <u>HELTAL OG BRØK:</u> <u>14</u>
- <u>NATURLIGE TAL:</u> <u>15</u>
- <u>PRIMTAL:</u> <u>17</u>
- <u>IMAGINÆRE TAL:</u> <u>20</u>
- <u>UENDELIGT ANTAL:</u> <u>23</u>
- <u>EPILOG:</u> <u>27</u>

FORORD:

Det siges, at matematik er en eksakt videnskab, Plus, en sand matematiker ved, hvad flydende komma betyder, negative tal og brøkernes verden.

Ligeledes er forenkling og gennemsnitsberegning blot værktøjer til at undgå at fare vild i denne vidunderlige verden af uendelige resultater, af denne grund vil matematik altid være progressiv, på vej til en punktlig løsning.

Matematik er løsnings kraften af virkelige problemer, gennem skrevne tal, der nøjagtigt repræsenterer hver bevægelse af det problem, der skal løses.

Matematik er streg og penselstrøg af et maleri med uendelige detaljer, et maleri af vores eksisterende og eksistentielle virkelighed, altså et værktøj, der er brugt siden begyndelsen af vores historie.

Gennem ord bliver ideer legemliggjort og dermed skrevet, de bevares i generationer, så de gennem tal, former og deres eksistentielle fornuft bevarer i vores kultur, på samme måde kan de studeres dybere, nedarves til fortsat at nyde hans ubegrænsede viden , i dette vores univers er det utvivlsomt matematisk.

På denne måde vil der i dette skrift blive afsløret et logisk ræsonnement, hvorved tallenes betydning manifesteres, hvilken fuldstændig skrivning af den eksistentielle form, at på denne måde, at al skrift blotlægges, som frugten af tanke og rationel logik, så godt Selv grammatik, ligesom logik, medfører love og regler, der altid har været naturligt opfattet.

Det er opdagelsen af vores matematiske natur, der blænder store muligheder for konstant opløsning.

FORMLER:

Enhver instruktion, der definerer en løsning, og som er korrekt skrevet, systematiserer effektivt processen, som kan replikeres med den præcision, der er nødvendig for hver sag.

Denne procedure med dens komponenter, som præsenterer en defineret løsning, er forenklet.

Allerede i deres komplekse tilfælde er de studerer lige for forståelsen af problemet, der skal løses, det er således, at effektiviteten bestemt ikke afhænger af graden af forenkling, mere hvis dens stigning i løsning frekvens.

På denne måde er det vigtigste ikke længden, men præcisionen gennem inklusion af det største antal ubekendte, hvilket vil øge løsningen og dens forventede resultat til at blive mere effektiv.

LIGNINGER:

Ligninger er et sæt formler, som indeholder en række ubekendte, kaldet variable, det er dem, der repræsenterer hver af de dele af et problem eller en situation, der er rejst, alt efter tilfældet.

Dette refererer til forskellige handlinger, som er ens, en til en anden, på denne måde er, at navnet er afledt, kaldet **LIGNINGER**.

Ligningen er ikke en løsningsformel for et isoleret problem, ligningen tager et væld af ukendte, som er løsninger til hinanden, således betegner vi hvordan hver ukendt er en partner i løsningen som helhed, således en løsning deles ofte af forskellige problemer, og en ligning et system.

VARIABLER:

De er de elementer, hvis værdi ikke er defineret i øjeblikket, mere gennem matematik er, når den værdi, der svarer til hver variabel, findes, så ligningen, gennem de tilsvarende formler og procedurer, afslører værdien af hver variabel, lad vi husker vigtigheden af variablerne som individuelle og vigtige dele, for en fuldstændighed.

Hver variabel er i sig selv, vigtig og unik, i endnu højere grad, når den findes i et system med inklusion af individer, det er sådan, hver variabel bliver en væsentlig partner i ligningen, at finde værdien af variablen er den punktlige løsning, den variabel i sig selv er en konstant, men på en ukendt måde, som kræver en opløsningsproces for at afsløre dens sande værdi i ligningen.

KONSTANT:

En konstant er en værdi bestemt af et eller andet stabilt fænomen, dette er meget nyttigt, fordi det er et allerede kendt element, så ligningen vil have en begyndelse, en konstant, hvorfor den er et grundlæggende grundlag for at løse i matematik.

Konstanten er det modsatte af variablen, konstanten er givet af naturen og dens allerede etablerede love, opdaget gennem historien af mennesket; Konstanterne er definitionen af tilstanden og formen, som uden nogen pludselig ændring bringer stabilitet, viden til strukturen. Men ligesom vores eksistens funktion, er et eksempel på en konstant tallet pi, også ethvert naturligt tal er en konstant, fordi f.eks. 3 altid vil være tre værd, dette i den situation at dette, konstanterne er til stede i alt .

GENNEMSNITTET:

Gennemsnittet er et resultat af forskellige situationer, i et gennemsnit, som samler alle værdierne omkring en, der repræsenterer dem, som en almindelig tilnærmelse er gennemsnit en afstemning løsning mellem farlige ekstremer. Ordet gennemsnit betyder at være til fordel for gennemsnittet, afholdenhed er ikke det samme som lunkenhed, alle disse begreber, selvom de for os synes at være matematiske, afslører for os matematikkens universelle natur i menneskets liv og eksistens, så emnet af matematik angår os i denne skrift, der henviser til **helheden** og ikke kun tal. Gennemsnittet er, hvem der repræsenterer en stor gruppe af forskellige enheder, er hvem der måler den centrale tendens, hvormed et system for stort og spredt, kan have identitet til at blive kendt, analyseret og forstået.

TOLERANCE:

Kaldes også fejlmargin, jo lavere tolerance, jo større nøjagtighed eller perfektion, på samme måde spiller fleksibilitet en rolle i tolerance, fleksible systemer har en tilstrækkelig tolerance procent for overholdelse og ingen brud på en specifik proces, dette uden at give anledning til opløsningen eller ødelæggelsen i sin helhed på grund af ukontrolleret fragmentering.

Tolerance er afgørende for at løse problemer på en hurtigere måde, da man har marginer for at løse bevægelse, de mulige løsninger kan allerede anes på forhånd, mens forskellige løsninger allerede er en parameter for fremskridt til den sidste løsning, det er så tolerance giver et glimt af løsningen på forhånd, har hvert problem således en række forskellige veje til et enkelt endeligt svar.

LIGE OG Ulige:

Tallene opdeles for det første i to store grupper, positive og negative, der for det andet er lige og ulige, så på denne måde har vi, at et lige tal er symmetrisk i sin division, det er også, at det i sin division altid giver som et resultat, giver heltal, i modsætning til ulige tal, når de opdeles i to, brøker som resultater, som i sig selv indeholder den såkaldte tolerance afhængigt af de decimaler, de indeholder, sådan tager lige tal opdelt i to, og ulige tal tager dette en så vigtig matematisk egenskab i analysen, at den medfører de nødvendige operationer i hver situation, dette som naturlige funktioner.

Ulige tal er så vigtige og nødvendige på grund af deres delbare variation og deres balance i mere end to dele, idet de er afbalancerede multi links.

HELTAL OG BRUK:

"Alle heltal er rationelle, det vil sige, de kan udtrykkes som en brøk, selvom ikke alle rationale tal er heltal."

Rationelle tal er repræsenteret i form af brøker og omfatter alle tal, der kan udtrykkes som en division mellem to heltal.

På den anden side består brøker, som deres navn indikerer, af en heltalsdel og en decimal. Brøker kan repræsenteres på mange måder: , med en plustone .

Tilføjelsen af hele tal og brøker er en matematisk operation, der udføres for at opnå resultatet af tilføjelsen af to eller flere tal. Denne operation kan udføres manuelt eller ved hjælp af lommeregnere.

NATURLIGE TAL:

Naturen af de naturlige tal er meget interessant. De kaldes ofte "positive heltal", da de kun inkluderer positive heltal. De omfatter dog også nul. Derfor kaldes de nogle gange "positive heltal og nul."

Naturen af de naturlige tal er meget enkel: de er alle de tal, der findes i rækkefølgen 1, 2, 3, 4, 5, 6, 7, 8, 9, 10, 11, 12, 13, 14, 15... og så videre. Som du kan se, starter denne sekvens med tallet 1 og har ingen øvre grænse; derfor kan vi sige, at de naturlige tal er alle dem, der findes i denne rækkefølge. fra 1 og frem.

Naturlige tal er så nødvendige for ligninger, at de skal inkluderes i næsten alle ligninger.

Naturlige tal: en introduktion De naturlige tal er de positive heltal, det vil sige tallene 1, 2, 3, 4, 5 og så videre. De kan bruges til at tælle ting eller måle mængder. For eksempel kan vi tælle, hvor mange mennesker der er i et rum ved hjælp af hele tal. Vi kan også måle længden af en tabel i meter eller centimeter ved hjælp af naturlige tal.

De naturlige tal kan repræsenteres på forskellige måder, for eksempel med billeder eller symboler. I dette dokument skal vi bruge symboler til at repræsentere de naturlige tal. De mest almindelige symboler til at repræsentere de naturlige tal er cifrene fra 0 til 9 (for eksempel er 3 repræsenteret som "3").

PRIMTAL:

Primtal er de tal, der kun kan deles mellem sig selv og enheden. Det vil sige, at de ikke kan divideres med noget andet tal. For eksempel er tallet 7 et primtal, da det kun kan divideres med sig selv (7) og enheden (1). På den anden side er tallet 6 ikke et primtal, da det kan deles mellem 2 (3 gange), 3 (2 gange) og 6 (en gang). ET PRIMTAL over:. Med en selvsikker tone.

Primtal er tal, der kan divideres med et enkelt tal. For eksempel er 2 et primtal, fordi det kun kan divideres med én. Desuden er 0 et primtal, da det ikke kan divideres. Mange berømte ting i matematik og i verden er blevet gjort med primtal. For eksempel er talsystemet i elektroniske kredsløb og digitale ure baseret på primtal. Primtal er også afgørende for kryptering, som bruges til at beskytte data i mange tilfælde.

Det første primtal er kendt som 0 og har kun én faktor: sig selv. Dengang troede folk, at 0 var det mest basale element. Faktisk kaldte de gamle grækere nogle gange 0 for tomhed eller fravær af noget. Med tiden opdagede folk, at 0 faktisk er et tal og ikke bare et bogstav, så det er interessant at se, hvordan vores forståelse af tal har ændret sig. Da 0 var det første primtal, er det et symbol på principper og faktorer.

Der er dog mange faktorer, der kan bruges til at dividere disse tal. Disse tal er også meget almindelige: næsten alle kender mindst tre primtal. For eksempel er 3 et primtal, fordi intet tal kan divideres nøjagtigt med 3 uden at efterlade en rest. Derfor er 3 et ideelt primtal af mange årsager, såsom at forårsage geometriske former eller være en del af naturlove såsom tyngdekraft.

Det mest almindelige primtal er 3, og det menes at være Guds tal. Den katolske kirke har sine kors i 3 på bjælkerne i sin hellige bygning. Derudover er der tretten punkts frugten med 3 frø i hver af sine former og tre frø med 3 spidser i hver af sine frø. Mangfoldigheden af tallene 3 menes at være åndens gave af den grund, at Han sagde 'Ånden udgår fra Ordet, og Ordet er Tal.' Derfor er mangfoldigheden af den guddommelige Ånd det samme som Guddommen selv, det vil sige tallet 3.

IMAGINÆRE TAL:

Imaginære tal er et begreb, som er svært at forklare for andre. Et tal er reelt, hvis det eksisterer i rum og tid, men imaginært, hvis det ikke gør det. Imaginære tal er en del af matematikken, som er en måde at tænke og kommunikere på. Tal bruges i alle livets områder og har mange praktiske anvendelser. For eksempel bruger computere tal til at udføre beregninger, og læger bruger dem til at kortlægge menneskets anatomi. Uden imaginære tal ville den moderne verden ikke fungere , som den gør.

Alle tal er imaginære, alle er baseret på uendelighed. 8 er det første imaginære tal; det hedder i og repræsenterer tallet 1. Mange flere tilføjes for at skabe andre tal. Tallet 8 er repræsenteret af bogstavet 'i', fordi det ligner det store bogstav 'I'. Imaginære tal kan bruges til at repræsentere store mængder data. De er især nyttige, når man beskæftiger sig med matematiske og videnskabelige ligninger. Selvom de ikke er rigtige, har imaginære tal hjulpet menneskeheden enormt.

8 har særlige egenskaber sammenlignet med de andre syv imaginære tal. Det er positivt og uendeligt. Alle andre tal er negative eller endelige, hvilket betyder, at de har en slutning. Også tallet 8 er lige; alle lige tal er positive og uendelige. Selvom de ikke er rigtige, har 8'eren mange applikationer i den moderne verden.

Selvom imaginære tal ikke er reelle, er de stadig et problem, når man arbejder med matematik. At arbejde med 0 eller 1 er ikke et problem, da de ikke eksisterer i rum eller tid. Det kan dog være vanskeligt at tilføje eller trække imaginære tal fra. Det er nemt at tilføje 0+0=0, da 0 findes i rum og tid. På den anden side er det ikke muligt at tilføje et uendeligt tal som 8, da uendelighed heller ikke eksisterer i rum eller tid. Derfor er det bedre at fortsætte med at arbejde med reelle tal, når man adderer eller subtraherer imaginære tal. At gøre det vil ikke kompromittere resultaterne en smule, men det vil gøre processen meget lettere.

Imaginære tal er en integreret del af matematikken og hjælper menneskeheden utroligt meget uden nogensinde at være virkelige. Derfor bør alle vide, hvordan man bruger dem. Tal er overalt i samfundet; derfor er imaginære også nødvendige. Originalitet er nøglen, når man skaber nye ideer; uden dem ville menneskeheden ikke være, hvor den er i dag.

UENDELIGT TAL:

Uendeligt tal er et udtryk, der bruges til at beskrive de uendelige mængder af tal. Det blev introduceret af Georges Eugene Edouard Lemaître i 1918 som et svar på Einsteins relativitetsteori. Ifølge Einstein er antallet af uendelige tal det samme som antallet af uendelige små partikler i universet. På den måde er det uendelige tal et begreb, der illustrerer matematikkens kompleksitet og grænserne for menneskelig forståelse.

Nul er et navnløst tal. Det er repræsenteret ved bogstavet 'x' og bruges til at initialisere mange talsystemer. For eksempel i astronomi har de grader, minutter og sekunder. I kemi har du mol, gram og kilo. I teknik har du bolte og tommer. Hoved Anvendelsen af nul er at forenkle matematiske udtryk og beregninger. Det bruges dog også i finansielle transaktioner til at holde styr på opsparingskonti og bank saldi.

Som du kan forestille dig, vil tilføjelse af flere nuller til et tal gøre det større, numerisk set. Tal med flere nuller kaldes de største eller højeste uendelige tal. For eksempel: 1.000.000 er et uendeligt tal større end 999.999, fordi det første tal har to nuller; 1.000.000 er en zeta plus en zeta; mens sidstnævnte kun har én zeta. De højeste uendelige tal kan fortsætte for evigt, fordi de kan udtrykkes ved hjælp af forskellige grundlæggende talsystemer. For eksempel: 1.000.000.000 udtrykkes ved hjælp af decimalsystemet med ti som grundtal system, det betyder, at det har 10 nuller (1 billion). Grund Talssystemet for højere uendelige tal kan også være uendeligt; dette gør det muligt for Base Infinite Number System (BINS) at håndtere meget store tal.

Ikke alle matematikere er enige om, hvad grænsen skal være for højere uendelige tal; nogle siger, at der ikke er et. Dette skyldes, at når man overvejer større grundlæggende talsystemer, såsom hexadecimal (16) eller oktal (8), er der ingen grænser for, hvor stort et uendeligt antal kan blive. Der er heller ingen grænse, når man overvejer alle mulige naturlige tal (fra 0 til uendelig). Det betyder, at der ikke er nogen grænse for, hvor mange ting der er i universet, eller hvor meget information eller viden vi har om den information. Selvom vores forståelse af disse uendelige størrelser er begrænset, har vi stadig vist, at matematik er et væsentligt værktøj, der bruges i hele samfundet.

De endelige tal er svar på teorierne om kosmiske proportioner foreslået af Albert Einstein i begyndelsen af 1920'erne. Han mente, at rummet består af et uendeligt antal uendelige små partikler. Selvom vi ikke kan forstå uendeligheden, fortsætter matematikken med at bevise sin værdi i hverdagen. Uendelige mængder hjælper mennesker med at konceptualisere og beregne store mængder data og information. Selvom vi stadig opdager mange applikationer for uendelige tal i vores daglige liv, er de stadig fascinerende riger fulde af ubegrænsede muligheder, uden grænser!...

EVIGHED AF DET ABSOLUT ALLE

EPILOG:

Endelig møder vi det store værktøj, som i århundreder Vores civilisationen har udviklet sig, så i dag erkender vi behovet for at fortsætte med at studere og fordybe os inden for alle matematikkens områder, vi bør ikke et øjeblik tro, at sandheden er inden for vores rækkevidde, fordi universet afslører for os, hvor enormt og evigt det er Din forståelse , den matematiske forståelses vej afhænger af øvelsen sammen med øvelsen af alle dine forskellige løsningsstrategier.

Vi har flere og bedre procedurer, der forenkler resultatet, ligeledes er problemerne, i hver æra helt forskellige, flere med det samme behov, der skal løses og dermed udvikle sig, hvor praksis altid er prioriteret.

UNIVERSET MANIFESTERES I TAL, KUN FOR DET RATIONELLE SIND.

Alle rettigheder forbeholdes. I henhold til de sanktioner, der er etableret

i det juridiske system,

uden skriftlig tilladelse fra *copyright* ©-

er hel eller delvis gengivelse af dette værk på

enhver måde eller procedure

, reprografi og computerbehandling

.

Hej, jeg er forsker, skribent og kommunikationsingeniør, gennem mit liv har jeg oplevet stærke situationer i enhver forstand, jeg ønsker at dit liv går bedre og bedre, og at du udvikler dig så meget som muligt ved at udvide din viden, sind og din vilje, jeg er sikker på, at vi kan finde en måde at udvide vores eksistens på, jeg ønsker altid at ledsage dig, og jeg takker dig på forhånd DU ER

Det siges, at matematik er en eksakt videnskab, Plus, en sand matematiker ved, hvad flydende komma betyder, negative tal og brøkernes verden. Ligeledes er forenkling og gennemsnitsberegning blot værktøjer til at undgå at fare vild i denne vidunderlige verden af uendelige resultater, af denne grund vil matematik altid være progressiv, på vej til en punktlig løsning. Matematik er løsnings kraften af virkelige problemer, gennem skrevne tal, der nøjagtigt repræsenterer hver bevægelse af det problem, der skal løses. Matematik er streg og penselstrøg af et maleri med uendelige detaljer, et maleri af vores eksisterende og eksistentielle virkelighed, altså et værktøj, der er brugt siden begyndelsen af vores historie.

www.ingramcontent.com/pod-product-compliance
Lightning Source LLC
Chambersburg PA
CBHW071148240526
45465CB00024BA/2158